BEI GRIN MACHT SICH IHR WISSEN BEZAHLT

- Wir veröffentlichen Ihre Hausarbeit, Bachelor- und Masterarbeit

- Ihr eigenes eBook und Buch - weltweit in allen wichtigen Shops

- Verdienen Sie an jedem Verkauf

Jetzt bei www.GRIN.com hochladen und kostenlos publizieren

Bibliografische Information der Deutschen Nationalbibliothek:

Die Deutsche Bibliothek verzeichnet diese Publikation in der Deutschen National-
bibliografie; detaillierte bibliografische Daten sind im Internet über http://dnb.d-
nb.de/ abrufbar.

Impressum:

Copyright © 2017 GRIN Verlag
Druck und Bindung: Books on Demand GmbH, Norderstedt Germany
ISBN: 9783668827875

Dieses Buch bei GRIN:

https://www.grin.com/document/446860

Felix Müller

Energie aus Wasserkraft. Eine kritische Betrachtung des Drei-Schluchten-Staudammes

GRIN Verlag

Energie aus Wasserkraft – Eine kritische Betrachtung am Beispiel des Drei-Schluchten-Staudammes

Autor: Felix Müller

1. Einleitung - Geschichte der Wasserkraft

Vor 3500 Jahren wurde die kinetische Energie des Wassers noch zum Schöpfen von Wasser genutzt und damit zur Bewässerung von Feldern. Dies änderte sich im 8. Jahrhundert, als es gelang, die Rotationsbewegung von Wasserrädern in eine Hin- und Herbewegung umzuwandeln. Daraus resultierend wurde die Energie genutzt um Maschinen zu betreiben. Schnell wurde erkannt, welches Potential die Wasserkraft besitzt, beispielsweise verfügten die Wasserräder im alten Rom noch über eine Leistung von 2 Kilowatt, bis zum Mittelalter hatte sich diese dann bereits verdreifacht. Im 18. Jahrhundert erreichte die Wasserkraft ihren Höhepunkt. Zu dieser Zeit liefen in Europa circa eine halbe Millionen Wasserräder. Diese Räder mahlten Getreide, bedienten große Hämmer oder schöpften Wasser. Erst mit der Erfindung der Dampfmaschine und den sinkenden Kohlepreisen im 19. Jahrhundert verlor die Wasserkraft an Bedeutung. 1825 wurde die erste Wasserturbine gebaut, welche im Vergleich zu den Wasserrädern einen deutlich höheren Wirkungsgrad besaß und für den Betrieb von elektrischen Generatoren geeignet war. (vgl. Leifi Physik) Die Wasserkraft gewann im 20. Jahrhundert, auch durch die elektrische Eisenbahn, wieder an Bedeutung. Durch den hohen Energiebedarf der Eisenbahn in Bergregionen, bot sich dadurch die Möglichkeit, ortsnah Strom zu erzeugen. Die Bewegung, weg von fossilen Energieressourcen, hin zu erneuerbaren Energiequellen hatte zur Folge, dass sich die Wasserkraft immer mehr als Energiequelle etablierte. Im Laufe der Zeit stellte sich heraus, dass mit großen Wasserkraftwerken auch erhebliche Probleme einhergehen, deswegen wurden Anfang der 1990er Jahre einige geplante Großprojekte abgesagt. Stattdessen entstanden vielfach kleinere Anlagen. Nicht so in der Volksrepublik China, diese ließ sich in ihrem Vorhaben, den größten Staudamm der Welt zu bauen, trotz vehementer Proteste, Kritik und Problemen, nicht stoppen.

In dieser Seminararbeit, werden sowohl die Probleme als auch die Vorteile, welche mit dem Bau des Drei-Schluchten-Staudamms einhergehen, beleuchtet.

2. Grundlegende Informationen

2.1. Differenzierung nach der Fallhöhe

Im Wesentlichen wird bei Wasserkraftwerken zwischen Nieder-, Mittel- und Hochdruckanlagen unterschieden. Für Niederdruckanlagen ist eine Fallhöhe von unter 15 Metern charakteristisch. Mitteldruckanlagen sind durch eine Fallhöhe zwischen 15 und 50 Metern gekennzeichnet. Aufgrund des fließenden Übergangs zwischen den jeweiligen Kraftwerkstypen wird auch oft auf die Unterscheidung der Mitteldruckanlagen verzichtet. Die meist geringere Durchflussmenge von Hochdruckanlagen wird durch die Fallhöhe von über 50 Metern ausgeglichen.

2.2. Arten von Wasserkraftwerken

„Das Wesen der Wasserkraftnutzung besteht nun darin, die Lageenergie des Wassers durch z.B. Aneinanderreihen mehrere Stauwerke und Talsperren entlang eines Wasserlaufes nutzbar zu machen, indem die so örtlich konzentrierte Fallhöhe abgearbeitet wird." (Giesecke, 1996, Seite 28)

Dies gilt als eines der Grundprinzipien der Wasserkraft. Nachfolgend werden die drei geläufigsten Kraftwerksarten untersucht.

2.2.1. Speicherkraftwerke

Bei dieser Art der Stromgewinnung wird die Fallhöhe, also die Umwandlung der potentiellen Energie des Wassers in kinetische Energie, ausgenutzt. Aus diesem Grund wird diese Art von Wasserkraftwerken typischerweise im Gebirge verwendet, da dort meist die idealen Bedingungen gegeben sind. Aufgrund dieser Tatsache sind die meisten Speicherkraftwerke auch als Mitteldruckanlagen zu deklarieren. Das Wasser wird von einem sogenannten Oberbecken mittels Rohren zu einem tiefer gelegenen Maschinenhaus geleitet. Dort befinden sich die Turbinen des Generators, welche durch die kinetische Energie des Wassers in Rotation gebracht werden und somit Strom erzeugen.

Danach wird der elektrische Strom durch Kabel zu einem Transformator geleitet und für die Übertragung auf ein höheres Spannungsniveau hochtransformiert um möglichst geringe Übertragunsverluste zu haben. Ein Beispiel für ein solches Kraftwerk ist das Walchenseekraftwerk in Oberbayern.

2.2.2. Pumpspeicherkraftwerke

Pumpspeicherkraftwerke sind meist Hochdruckanlagen und funktionieren von der Energiegewinnung her ähnlich wie Speicherkraftwerke. Allerdings wird hier das Wasser bei geringer Belastung des Stromnetzes, und damit billigen Strompreisen, wieder in das Oberbecken gepumpt und so in potentielle Energie umgewandelt. Dadurch wird ein Energiespeicher generiert, welcher binnen Sekunden bereit steht um bei Lastspitzen die potentielle Energie wieder in elektrische Energie umzuwandeln. Im Hinblick auf die stark fluktuierenden Einspeiseleistungen der regenerativen Energieerzeuger Wind und Photovoltaik haben Speicherkraftwerke das Potential, überschüssige Energie zu Zeiten hoher Einspeiseleistung, z.B. an sonnigen Tagen, temporär zu speichern. Pumpspeicherkraftwerke haben trotz der hohen Erzeugungskosten für die Spitzenlastdeckung eine gewisse Bedeutung.

2.2.3. Laufwasserkraftwerke

Laufwasserkraftwerke sind durch die geringe Fallhöhe von unter 15 Metern als Niederdruckkraftwerke zu deklarieren. Die Topologie des Gebiets lässt meist keine Energiespeicherung zu. Somit wird von ihnen Grundlastenergie zur Verfügung gestellt. Sie werden häufig auch für das Ziel des Hochwasserschutzes eingesetzt.

2.3. Turbinenarten

Die geläufigsten Turbinenarten sind die Kaplan-, Francis-, Pelton- und die Durchströmturbine.

Die Kaplan-Turbine funktioniert ähnlich wie ein Schiffspropeller, für sie ist eine große Durchflussmenge, aber nur eine geringe Fallhöhe entscheidend.

Deswegen wird sie meist in Flusskraftwerken eingesetzt. Sie ist aufgrund des verstellbaren Leitwerks optimal bei schwankenden Wasserständen geeignet. Vor der Kaplan-Turbine selbst befindet sich ein Leitwerk, welche das Wasser optimal zur Turbine leitet. Dadurch erreicht sie einen Wirkungsgrad von 96 Prozent.

Eine universell einsetzbare Turbine ist die Francis-Turbine, sie funktioniert am besten bei mittlerer Durchflussmenge und mittlerer bis hoher Fallhöhe. Sie ist aufgrund ihrer vielfältigen Einsetzbarkeit, eine der meist genutzten Turbinen. Die Francis Turbine besitzt gekrümmte Laufschaufeln, welche durch ein Leitrad umschlossen werden. Durch die Verstellbarkeit der Leitschaufeln, kann gezielt auf

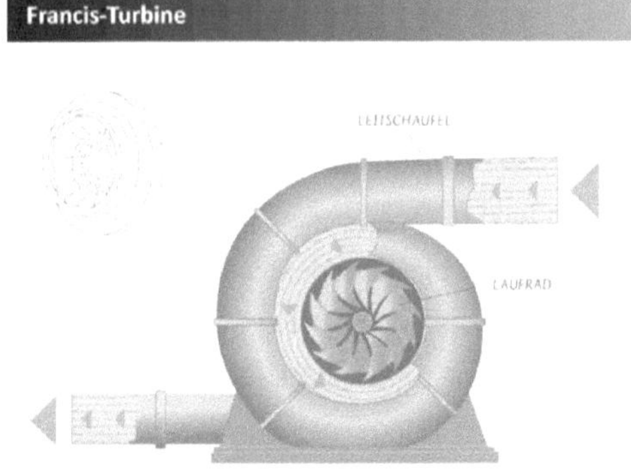

Abbildung 1: Francis Turbine

Lastwechsel und wechselnde Wasserstände reagiert werden. Um das Leitrad befindet sich eine Spirale die schneckenförmig aufgebaut ist. Diese hat den Zweck das Wasser zusätzlich mit einem Drall zu versetzten, somit wird ein Wirkungsgrad von circa 90 Prozent erzielt.

Eine Pelton-Turbine besitzt ihre Stärken bei einer großen Fallhöhe des Wassers und einer mittleren bis geringen Durchflussmenge. Deswegen wird diese Turbine meist bei Speicherkraftwerken verwendet. Durch eine oder mehrere Düsen strömt das Wasser mit sehr hoher Geschwindigkeit in einem kleinen Strahl auf eine scharfe Kante, die sogenannte

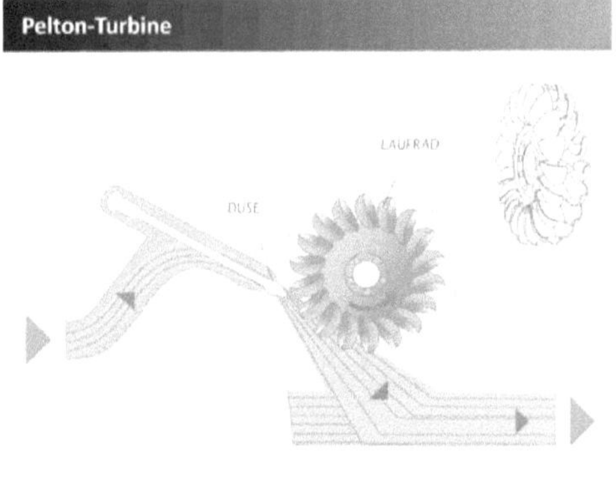

Abbildung 2: Pelton Turbine

Mittelschneide des Laufrades.

Dort wird das Schaufelblatt in zwei halbkugelförmige Halbschaufeln geteilt, welche auch Becher genannt werden. Bei dieser Turbinenart entstehen bei reibungsfreier Betrachtung nahezu keine Verluste, im Realgebrauch erzielt die Pelton-Turbine einen Wirkungsgrad von bis zu 90 Prozent.

Die idealen Bedingungen für eine Durchströmturbine sind bei geringer Durchflussmenge und niedriger Fallhöhe vorhanden. Die Turbine ist aufgebaut wie ein walzenförmiges Wasserrad. Das Wasser trifft als erstes von oben auf die Schaufeln auf. Nachdem es die Laufradmitte durchquert hat, trifft es nochmal von innen nach außen auf. Dadurch wird ein Wirkungsgrad von circa 80 Prozent erzielt.

3. Informationen zum Drei-Schluchten-Staudamm

Der Bau des Drei-Schluchten-Staudammes begann am 14. Dezember 1993. Die erste Turbine wurde fast zehn Jahre später, am 24. Juni 2003 in Betrieb genommen, komplett fertiggestellt war die Talsperre im Jahr 2008. Der Bau kostete geschätzte 75 Milliarden US Dollar, wobei andere Schätzungen bis zu 180 Milliarden US Dollar veranschlagen. Finanziert wurde der Bau, welcher 100.000 Arbeitsplätze schuf, durch eine Sondersteuer und Kredite der Staatsbank. (vgl. Gutowski, 2000, Seite 22) Neben der Talsperre selbst wurde auch ein Schiffshebewerk und eine Schleusenanlage gebaut. Mit einer Länge des Staudammes von 2335 Metern und einer Höhe von 185 Meter, ist der Staudamm der größte der Welt. Die 32 Francis Turbinen haben eine installierte Generator-Nennleistung von 22,4 Gigawatt. Dies ist vergleichbar mit der Leistung von 16 Atomkraftwerken, in der Größenordnung des Kraftwerks Isar 2.
Der entstandene Stausee besitzt eine Länge von 663 Kilometern und eine gesamte Staukapazität von 39,3 Milliarden Kubikmetern Wasser. Die Fläche des Stausees mit 1084 Quadratkilometern, ist etwa doppelt so groß wie die des Bodensees, wobei der Bodensee aufgrund seiner Tiefe ein Fassungsvermögen von 48 Milliarden Kubikmetern Wasser.

Die Idee zur Stauung des Jangtse entstand 1919 von Sun Yatsen. Auch damals schon war der Hochwasserschutz, die Schiffbarkeit und die Energiegewinnung Hauptziele, welche es zu erreichen galt. Doch aufgrund finanzieller Mittel scheiterte dieser Plan damals. Die Idee wurde nie wirklich vergessen, und so fand Mao Zedong 1954 nach einem schweren Hochwasser, wieder Gefallen an der Idee. Auch dann scheiterte es damals wieder aufgrund der zu hohen Baukosten. Erst 1992 unter Ministerpräsident Li Peng, welcher Wasserkraft studiert hatte, wurde der Damm im chinesischen Volkskongress genehmigt. Die Abstimmung fiel mit einer Zweidrittelmehrheit, für chinesische Verhältnisse, äußerst schlecht aus. Aufgrund des Größenwahns Chinas und erheblicher Einschränkungen der Pressefreiheit, konnten negative Berichte über den Bau des Damms nur aus dem Ausland veröffentlicht werden.

4. Mögliche Probleme des Drei-Schluchten-Staudammes

4.1. Ökologische Probleme

4.1.1. Klimaveränderungen

Durch den Energiespeicher Wasser erwarten Klimaforscher, dass sich die Lufttemperatur im Winter um circa 0,8 Grad Celsius erhöht, wobei es in den Sommermonaten um circa ein Grad kühler werden soll. Die einst geringe Windbelastung soll durch die glatte Wasseroberfläche um 15-40% ansteigen, was ein Problem für die Schifffahrt darstellen kann. (vgl. Gutowski, 2000, Seite 48) Außerdem hat ein Schweizer Klimaforscher am Aare Stausee in der Schweiz festgestellt, dass dieser beträchtliche Mengen Methan ausstößt, welches 25mal so schädlich für die Umwelt ist wie Kohlenstoffdioxid.
Somit soll allein die Methan-Menge des Aaren-Stausees genauso schädlich sein, wie 25 Millionen gefahrene Autobahnkilometer. Dies kommt durch die Zersetzung organischer Stoffe zustande. Wenn der See im Sommer gestaut ist und sich erwärmt beginnen die organischen Stoffe zu gären und setzen so Kohlenstoffdioxid frei. (vgl. DelSontro, 2010, Seite 2419 ff.) Zusätzlich wird die Algenbildung durch das hohe

Nährstoffangebot, welches aus Abwässern der chemischen Industrie stammt, gefördert. Dies hat eine Verminderung des Sauerstoffs im Wasser zufolge und senkt somit auch die Wasserqualität. Die anaeroben Bakterien, welche die Wasserpflanzen zersetzen scheiden als Stoffwechselprodukt Methan aus. (vgl. Nathausius, 2004, Seite 11)

4.1.2. Verschmutzung des Sees

Durch die Abwässer von Fabriken und der Belastung durch die Landwirtschaft, welche in 2003 fast 24 Milliarden Tonnen waren, wird der See zunehmend verschmutzt. (vgl. Lorenz, 2003) Früher wurden diese Abwässer durch die hohe Fließgeschwindigkeit des Jangtse Flusses in das Meer gespült und der Fluss hatte sich damit einigermaßen selbst gereinigt. Aufgrund der Talsperre ist das nicht mehr möglich und so stauen sich der Müll und die Abwässer im Stausee. Laut dem Autor Jens-Philipp Keil, welcher den See um die Jahrtausendwende selbst besuchte, glich der See damals schon einer Kloake. Da der See aber auch als Wasserreservoir zum Gießen der Felder dient, werden die Gifte wieder von Menschen konsumiert. Spekulativ bleibt auch, ob die Dörfer, welche eigentlich geräumt hätten werden müssen, dies auch wirklich sorgfältig wurden. So stellen z.B. die Rückstände aus öffentlichen Toiletten oder Mülldeponien ein akutes ökologisches Problem dar. (vgl. Trouw, 2014, Seite 43) Durch die Verschmutzung mussten, wie es in Kapitel 4.2 genauer behandelt wird, abermals 4 Millionen Menschen umgesiedelt werden. Ein weiteres Problem besteht darin, dass sich laut dem Stand von 2010 ein 50.000 Quadratmeter großer Müllteppich mit einer Dicke von 60 Zentimetern gebildet hat, welchen man teilweise auf Abbildung 3 erkennen kann und den Staudamm blockieren könnte. Vor dem Damm sollen täglich über drei Tonnen an Müll eingesammelt werden, was vermutlich aber nicht ausreichen wird. (vgl. Spiegel, 2010)

Abbildung 3: Müllteppich

Durch das tropische Klima und den verseuchten See ist der Stausee wie geschaffen für Mikroorganismen und somit auch Krankheitserreger, die durch Moskitos verbreitet werden können. (vgl. Gutowski, 2000, Seite 46)

4.1.3. Auswirkungen auf Flora und Fauna

Experten nehmen an, dass durch den Damm viele einzigartige Tier- und Pflanzenarten aussterben werden, bzw. dies auch teilweise schon sind. Fische kamen beispielsweise zuvor durch die Stromschnellen zu ihren Laichgebieten, dies ist aber jetzt wegen der Staumauer nicht mehr möglich. Bevor die Staumauer errichtet wurde, sind die Abwässer in das Meer gespült worden, diese werden aber jetzt durch die Staumauer zurückgehalten, was zu einem ökologischen Desaster führt. (vgl. Keil, 2003, Seite 24)

4.1.4. Unwiederbringliche Zerstörung von Kultur Raum

Das Gebiet des Drei-Schluchten-Staudamms zählte neben der Chinesischen Mauer zu einer der schönsten Gegenden Chinas. Durch den Bau des Dammes wurde dieses Gebiet mit seinen hohen und engen Schluchten zu einem Großteil überflutet. Durch die Talsperre wurden circa 1200 kulturelle Güter, wie Gräber oder Skulpturen zerstört. (vgl. Gutowski 2000, Seite 42) Einige der Ausgrabungsstätten wurden verlegt, die meisten jedoch sind einfach überflutet worden. Ironischerweise spielt dass gemäß der staatlichen Tourismus Behörde für den Tourismus aber keine Rolle, da ja jetzt der Staudamm und der neue See eine Attraktion für Touristen darstellen. (vgl. Strittmatter, 2010)

4.2. Soziologische Probleme

4.2.1. Umsiedelungsproblematik

Durch den Bau des Drei-Schluchten-Staudamms wurden laut offiziellen Zahlen insgesamt fünf Millionen Menschen umgesiedelt, obwohl sich die offiziellen Schätzungen anfangs auf eine Million beliefen. Diese Zahl stieg aber 2010 drastisch an, da die chinesische Regierung erreichen wollte, dass der See nicht weiter verschmutzt wird und die Einwohner vor den zum Teil stark giftigen Nebenflüssen geschützt werden sollten. Ein weiterer Grund für die Neuumsiedelungen waren die akuten Erdrutschgefahren denen die Einwohner der seenahen Region ausgesetzt waren. (vgl. Deutsches Presse Amt 17. Mai 2010 Die Bewohner wurden zwar offiziell entschädigt, aber durch Korruption und viel zu niedrig angesetzte finanzielle Entschädigung von 4,8 Milliarden US Dollar für die komplette Umsiedelung, wurden die meisten Bewohner zu gering entschädigt. Nach dem Stand von 2000 wurde geschätzt, dass sich die Umsiedelungskosten auf 9,6 Milliarden US Dollar belaufen. Diese Schätzung ist aber wohlgemerkt aus einer Zeit, bevor 2010 nochmals 4 Millionen Menschen umgesiedelt wurden. Ein weiteres Problem für die Bewohner war, dass Besitzer von alten Häusern, sich durch die geringe Entschädigung keine neue Wohnung mehr leisten konnten. Außerdem wurde den Bauern meist nur die Hälfte ihres Grundbesitzes erstattet, und dies auch nicht mehr in der Qualität des Jangtse Bodens. (vgl. Keil, 2002, Seite 26) Ein weiterer Effekt war, dass die Arbeitslosenquote stieg, da umgesiedelte Unternehmen nicht sofort wieder ihren Betrieb aufnehmen konnten, bzw. dies aufgrund von veralteten Maschinen auch nicht wollten. In dem Gebiet gab es außerdem zahlreiche Bergwerke, welche in anderen Regionen schlichtweg nicht mehr betrieben werden konnten. (vgl. Keil, 2002, Seite 26) Ein zusätzliches massives Problem war, dass ein Großteil des Geldes durch Korruption nie bei den Betroffenen ankam. Laut Freiwald betrug die vorgesehene Summe für jeden Bürger circa 3800 US Dollar. (vgl. Freiwald, 1997, Seite 10) Dies ist selbst in China offensichtlich viel zu wenig Geld um sich wieder eine Existenz aufzubauen. So erhielt ein Bauer insgesamt 3800 US Dollar, wobei dabei schon die Hälfte der Entschädigung für sein Ziegelhaus mit drei Zimmern und einem Stall gedacht war. Alleine der Wert des Hauses belief sich jedoch bereits auf rund 5000 US Dollar. (vgl. Kolonko, FAZ 2003, Seite 7)

4.2.2. Landwirtschaft und Schlamm

Insbesondere die Landwirte hatten in dem Gebiet der Talsperre einen herben Rückschlag erlitten. Neben dem Verlust ihres Bodens verursachte der errichtete Damm einen weiteren schwerwiegenden Nachteil. Es wird durch den Jangtse nur noch ein Bruchteil des fruchtbaren Schlamms angespült, welcher für die Landwirtschaft Jahrhunderte lang ein Garant für eine ertragreiche Ernte ohne großen Einsatz von Düngemitteln war. Dies und dass die Bauern eine zu geringe Fläche zurückerstattet bekommen hatten, führte dazu, dass heute wesentlich mehr Dünger eingesetzt wird, um entsprechende Ernteerträge zu sichern.

4.3. Sedimentation

Vor dem Bau des Staudammes wurden pro Jahr schätzungsweise 520 bis 680 Millionen Tonnen Schlamm ins Meer gespült. Dies lässt die Talsperre nicht mehr zu und so sammelt sich der Schlamm im Staubecken. (vgl. Keil, 2002, Seite 23 f.) Anfänglich bestand deswegen die Angst, dass dadurch die Hälfte der Staukapazität innerhalb von 40 bis 50 Jahren verloren gehen könnte. Chinesische Behörden argumentierten damit, dass durch die anfänglich recht hohe Schlammabsetzung, die Fließgeschwindigkeit in den Folgejahren erhöht werden würde. Zudem herrsche in der Flutzeit sowieso eine höher Fließgeschwindigkeit, welche den Schlamm wegtransportiere. Inwiefern dies aber zutrifft, wird sich wohl erst zeigen. Die Regierung hatte außerdem noch 22 Abflusskanäle direkt vor der Staumauer eingebaut, über die man den Schlamm, der sich direkt vor der Talsperre ansammelt, ablassen könne. Was dies aber für den Anstieg des Sees und die Häfen flussaufwärts bedeutet, welche nach und nach aufgrund zu niedriger Tiefe nicht mehr befahrbar sind, ist noch nicht absehbar. Teile des Schlamms und Sands werden somit aber auch durch die Turbinen gespült, was bei diesen zu einem stärkeren Verschleiß führt. Dadurch werden die Turbinen wartungsbedürftiger, was im Endeffekt einen Rückgang der Stromproduktion bedeutet. Aufgrund dieser Befürchtungen plante die Regierung weitere kleinere Staudämme oberhalb der Talsperre in kleinen Nebenflüssen zu errichten, um somit den Sedimenteingang in das Oberbecken zu reduzieren. (vgl. Gutowski, 2000, Seite 35 ff.)

4.4. Wirtschaftliche Probleme

Eine weitere Herausforderung, welche im Zuge des Baus und der Umsiedelungen auftrat, war Korruption. Es sind Bestechungsgelder für Auftragserteilungen geflossen, Entschädigungen für Umsiedelungen wurden zum Teil an die Bauern nicht ausgezahlt und sind in andere Tasche geflossen und Baufirmen sparten bei Materialien um ihren Profit zu erhöhen. Sogar die Listen der zu Entschädigenden wurden manipuliert, indem entweder Namen auf die Liste gesetzt wurden, die es gar nicht gab, oder Namen von Listen durchgestrichen, also als entschädigt gekennzeichnet wurden, welche noch gar kein Geld gesehen haben. Eine weitere Korruptions-Methode war, dass Menschen, welche gar nicht betroffen waren oder nicht in der zu überfluteten Region lebten teilweise sogar extra noch jemanden in der Region heirateten bzw. bei jemanden einzogen, um Anspruch auf Entschädigung zu erhalten, und sich dann das Geld mit den Beamten teilten. (vgl. Trouw, 2014, Seite 25 f.) Laut einem Bericht aus der Frankfurter Allgemeinen Zeitung gestand die Regierung im Jahr 2003 ein, dass mehr als 600 Millionen Dollar verschwunden seien, also circa 12 Prozent, des geplanten gesamt Budgets für die Talsperre. Kritisch muss man dabei anmerken, dass die detaillierten Zahlen, wohl ähnlich wie bei den Gesamtkosten des Projekts niemand genau beziffern kann. Allerdings ist davon auszugehen, dass bei einem Eingeständnis der Regierung von 600 Millionen US Dollar, die Mittel, die in andere Taschen geflossen sind, wohl deutlich höher waren. (vgl. Keil, 2003, Seite 28) Auch wenn die beiden Manager des Projekts entlassen wurden, hatten die meisten Beamten mit keinen Sanktionen zu rechnen.

4.4.1. Zielkonflikte

Bei lange anhaltendem Regen wie im Juli 2010 gibt es Zielkonflikte zwischen dem Hauptziel der Energiegewinnung und dem des Hochwasserschutzes. Zu dieser Zeit musste die Talsperre komplett geöffnet werden. Dadurch konnte keine Energie gewonnen werden und auch so konnten die Wassermassen von bis zu 70.000 Kubikmetern Wasser, welche pro Sekunde einströmten, nicht ausreichend bekämpft werden, da nur 40.000 Kubikmeter Wasser pro Sekunde abgelassen werden konnte.

Dies führte damals zu einem Rekordhoch von nur 17 Metern unterhalb der Staumauer. Die völlige Öffnung des Ablasses führte anschließend zu einer Überschwemmung, welche eine der schlimmsten seit der Flutkatastrophe 1998 war. Außerdem gibt es Berechnungen, welche zeigen, dass der Stausee nicht groß genug ist, um eine Flut, wie sie 1954 einging, zu bändigen. (vgl. Ming, 2015)

Für einen effektiven Hochwasserschutz muss der Wasserstand im Staubecken somit sehr niedrig sein, um die riesigen überschüssigen Massen an Wasser aufnehmen zu können. Dies führt dann jedoch zum Zielkonflikt mit dem eigentlichen Ziel des Staudamm-Baus, der Energiegewinnung, für welche hohe Wasserstände erstrebenswert sind. Ein weiteres Problem ist laut dem kanadischen Konsortium CYJV, welches die chinesische Regierung maßgeblich beriet, dass die Talsperre auf die Nebenflüsse überhaupt keinen Einfluss hat und somit für diese kein Hochwasserschutz bestehe. (vgl. Trouw, 2014, Seite 41 f.)

4.5. Risiko des Dammbruches

Das tatsächliche Risiko eines Dammbruches wird als recht gering, auch aufgrund des größten „Belastungstests" bei dem Hochwasser von 2010, eingestuft. Trotzdem sind auch jetzt schon Risse im Beton zu erkennen, welche auf minderwertige Baumaterialien zurückzuführen sind. (vgl. Weidenbach, 2015)

Ein nicht zu vernachlässigender Punkt sind mögliche Terroristische Anschläge auf die Talsperre, welche die umliegenden Städte, wie das nur circa 30 Kilometer entfernte Yichang mit 4 Millionen Einwohnern oder das 150 Kilometer entfernte Jingzhou mit circa 6 Millionen Einwohnern, massiv gefährdet. Aufgrund der hohen Bevölkerungsdichte stellt der Drei-Schluchten-Staudamm somit ein akutes Risiko für rund 15 Millionen Menschen dar. (vgl. Zheng, 2013) Die Folgen des Dammes, ob dieser nun geschlossen oder wie im Juli 2010 geöffnet war, sind auch noch im 1000 Kilometer entfernten Shanghai spürbar.

Durch einen Dammbruch würden schätzungsweise bis zu 300 Millionen Menschen ihre komplette Existenzgrundlage, wie ihre Felder oder Häuser, verlieren, bzw. an den Folgen von Epidemien, die durch den stark verschmutzen Jangtse ausgelöst werden würden, sterben. (vgl. Gutowski, 2000, Seite 41) Aus diesem Grund wurde im September 2013 eine neue Sicherheitszone errichtet, welche 4600 Soldaten zum Schutz an die Talsperre versetzt. Hierbei gilt aber auch zu erwähnen, dass einige führende Physiker, wie Gian Weichang 1991 auch schon im Voraus, die militärische Schwäche thematisierten. Somit sei der Damm gegen Raketenanschläge nicht zu schützen und ein attraktives Ziel von Terroristen oder anderen Nationen, wobei es auch hier zu erwähnen gilt, dass die Volksrepublik China die Schiene der Leugnung und Verschleierung fährt. (vgl. Zheng, 2013) Es wird beispielsweise behauptet, dass der Damm sogar nuklearen Anschlägen trotzen soll. Auch Cyberangrife sind eine akute Gefahr für die Menschen unterhalb der Talsperre, da somit unkontrolliert Wasser entlassen werden könnte, was wiederum zu Flutkatastrophen führen würde.

Durch die abgeholzten Wälder, kann sich die Erde an den Hängen des Tals nicht mehr an den Wurzeln festhalten, was Erdrutsche zur Folge hat. (vgl. Trouw, 2014, Seite 42) Dies könne laut Kritikern wiederum dazu führen, dass sich riesige Flutwellen bilden, welche den Staudamm überspülen und somit unterhalb liegende Gebiete überschwemmt werden, wie das auch 1963 am Vaiont-Staudamm geschehen ist. (vgl. Keil, 2002, Seite 25) Durch diese Art der Flutwelle könne ein Erdbeben induziert werden, welche andere Riesenwellen auf dem Stausee nach sich ziehen würde oder gar die Staumauer brechen könnte. (vgl. Gutowski 2000, Seite 38 f.) Dies versucht die chinesische Regierung dadurch zu verhindern, indem sie noch mehr Beton an den Hängen der gefährdeten Stellen anbringen um diese zu befestigen.

5. Vorteile des Drei-Schluchten-Staudammes

5.1. Energiegewinnung als Erneuerbare Energiequelle

Ein Hauptbaugrund für dieses gigantische Projekt war die enorme Energiegewinnung für das aufstrebende China.

Über 85 Milliarden Kilowattstunden produziert das Kraftwerk im Durchschnitt jährlich. Das kommt der Umwelt zugute, denn die Hauptstromquelle in China sind nach wie vor Kohlekraftwerke. Diese lieferten 2014 noch über 65 Prozent der Energie. (vgl. Schilling, 2017) Wenn man den CO_2 Ausstoß bei dem größten Kohlekraftwerk Deutschlands, welches deutlich höhere Umweltstandards einhält als die Kraftwerke in China, hochrechnen würde, wären dies circa 90 Millionen Tonnen CO_2 jährlich. Zum Vergleich: Das größte Kraftwerk Europas stößt nur 37,2 Tonnen CO_2 im Jahr aus. Dieser eingesparte CO_2 Ausstoß kommt der Umwelt massiv zu gute.

5.2. Hochwasserschutz

Eine weiterer wichtiger Grund für den Bau der Staumauer, war der Schutz vor Flutkatastrophen, wie sie sich beispielsweise im Jahr 1998 ereignete und 4150 Menschen das Leben kostete. Zudem mussten rund 18 Millionen Bewohner ihre Heimat verlassen. Schätzungen zufolge sind alleine im 20. Jahrhundert über drei Millionen Menschen an den Hochwassern des Jangtse gestorben. (vgl. Freiwald 1997, Seite 5) Dieses Problem hat sich der Mensch aber auch selbst geschaffen, da er für mehr Agrarland Wälder abgeholzt bzw. Seen ausgetrocknet hat, welche den Niederschlag in der Vergangenheit aufnehmen konnten. Seit 1998 besteht ein Holzeinschlagverbot und es werden wieder systematisch Wälder aufgeforstet. (vgl. Yamamoto, 1999)

5.3. Schiffbarkeit des Jangtse

Der Jangtse ist durch seine Länge von 6380 Kilometern der drittlängste Fluss der Welt und besitzt somit eine enorme wirtschaftliche Bedeutung. Durch die Drei-Schluchten-Talsperre sind Passagen, wo vorher Stromschnellen, gefährliche Untiefen, Sandbänke und enge Passagen waren, erheblich verbessert worden. (vgl. Gutowski, 2000, Seite 31)

Aus Regierungsberichten ging außerdem hervor, dass eine Zunahme des Schifffahrtsvolumens, von 10 Millionen Tonnen auf über 50 Millionen Tonnen steigen sollte. (vgl. Yangtze Valley Water Resources Protection Bureau 2000, Seite 10f.) Tatsächlich ist die Gütermenge aber auf 120 Millionen Tonnen, laut dem Stand von 2015, gestiegen. Dies liegt auch daran, dass ein zusätzliches Schiffshebewerk gebaut wurde, welches eine Last von 10.000 Bruttoregistertonnen und eine Höhendifferenz von bis zu 113 Metern bewältigen kann, was auch hier einen Weltrekord darstellt. Im Vergleich dazu bewältigt das Lüneburger Schiffshebewerk, welche das größte in Deutschland ist, eine Differenz von nur 40 Metern. Die Schleuse in China schafft diesen Höhenunterschied in einer Rekordzeit von nur 40 Minuten. Dieses ist 120 Meter lang, 18 Meter breit und besitzt eine Tiefe von 3,5 Metern. (vgl. Schoenebeck, 2016) Das neue Hebewerk ist auf Abbildung 5 im Hebevorgang zu sehen und auf Abbildung 4 auf der linken Seite. Durch den Staudamm stieg die Wassertiefe durchschnittlich um 70 Meter, wodurch auch die Schluchten breiter und tiefer wurden, was für große Transportschiffe einen Vorteil darstellt. (vgl. China Daily, 2016) Die zwei ursprünglichen Hebewerke bestanden aus einer Schleusenstrasse, welche fünf Hebewerke besaß, mit den Abmessungen von jeweils 280 Metern Länge, 34 Metern Breite und 5 Metern Tiefe. (vgl. Bronowski, ohne Datum, Seite 1) Diese sind auf der Abbildung 4, auf der rechten Seite zu sehen. Hierdurch wird recht schnell deutlich, welch eine technische Meisterleistung das neue Schiffshebewerk ist und wie wichtig dieses Projekt für die chinesische Regierung ist.

Abbildung 4: Vergleich der Schleusen

Abbildung 5: Schiffshebewerk

5.4. Wirtschaftliche Entwicklung der Gegend

All diese Punkte tragen sehr zu einer positiven wirtschaftlichen Entwicklung dieser Gegend und sogar komplett Chinas bei. Der Damm bietet auch viel Potential für die technische Industrie, wie die Stahl-, Alu- aber auch die Chemieindustrie. Aufgrund des hohen Stromverbrauches ist für diese Firmen der Drei-Schluchten-Staudamm, dank der niedrigen Strompreise ein lukrativer Standort. Durch den Bau der Talsperre, aber auch durch die angesiedelten Firmen ergibt sich eine deutlich bessere Infrastruktur, mit einem gut ausgebautem Straßen-, Flug- und Schiffsnetz, durchgehendem Strom, schnellem Internet und fließenden Wasser. Für die Arbeiter, welche den Damm gebaut haben, bzw. welche ihn instand halten, wurden komplette Städte gebaut, welche die Wohnqualität der Bauern auch verbessert. Außerdem strömen seit dem Bau des Dammes viele Touristen in das Gebiet, um den Damm zu besichtigen. Dieser Punkt ist jedoch stark umstritten, da das Gebiet, wie bereits in 4.1 erläutert, auch ohne den Bau des Staudamms, durch die Drei Schluchten touristisch und archäologisch hoch interessant wäre.

6. Auswertung und Ausblick

Unter Berücksichtigung der Vor- und Nachteile ist es nicht einfach ein abschließendes Urteil zu fällen, da dieses Thema zu vielseitig ist, um alle Punkte in diesem Umfang aufzuzählen. Ein weiteres Problem ist, dass niemand genau weiß, ob die Zahlen und Fakten, welche die chinesische Regierung präsentiert, auch wirklich richtig sind oder ob sie nur versuchen, dieses Großprojekt zu rechtfertigen. Da Staudamm Kritik als Regimekritik eingestuft wird und dem eigenen Parlament wissenschaftliche Studien und genaue Fakten zu diesem Projekt vorenthalten werden ist es nicht leicht verlässliche Fakten und Quellen zu finden und so weichen auch die Zahlen, welche man beispielsweise zu den Kosten findet stark ab. Langzeitfolgen, wie das Aussterben von Tier- und Pflanzenarten, die Verschlammung und vieles mehr sind noch in vollem Gange und auch hier liegen keine endgültigen Fakten vor.

Die Vorteile des verbesserten Hochwasserschutzes und der Energiegewinnung, stehen aber kaum in einer Relation zu den negativen Auswirkungen. Auch wenn es auf der einen Seite spannend ist, dieses technische Großprojekt zu verfolgen und zu beobachten, darf man nicht vergessen, dass durch diesen Größenwahn Chinas und der Macht einzelner Personen, das Schicksal von Millionen von Menschen, jetzt und auch in der Zukunft, darunter leidet oder gar zerstört wird.

Anhang

Literaturverzeichnis

1. Monographie:

- Adolf, M.: Energiesicherheitspolitik der VR China in der Kaspischen Region, Freie Universität Berlin: VS Research, 2010

- DelSontro, T., McGinnis, D. F., Sobek, S., Ostrovsky, I., Wehrli, B.: Extreme methane emissions from a Swiss hydropower reservoir: contribution from bubbling sediments, Environmental Science and Technology, 2010

- Freiwald, E.: Der Drei-Schluchten-Staudamm in China: Das grösste Staudamm-Projekt der Welt, Toro- Verlag 1997

- Giesecke , J., Heimerl, S., Mosonyi, E.: Wasserkraftanlangen Planung, Bau und Betrieb (6. Auflage), Springer, 2014

- Gutowski, A.: Der Drei-Schluchten-Staudamm in der VR China : Hintergründe, Kosten-Nutzen-Analyse und Durchführbarkeitsstudie eines grossen Projektes unter Berücksichtigung der Entwicklungszusammenarbeit, Universität Bremen, 2000

- Keil, J.-P.: Das Drei-Schluchten-Projekt und seine Auswirkungen auf die sozioökonomische Entwicklung im Xiangxi- Einzugsgebiet in der Provinz Hubei, VR China, Gießen: Justus-Liebig-Universität Gießen, 2010

- Kolonko, P.: Frankfurter Allgemeine Zeitung, Ausgabe von 17. Dezember 2003 Seite 7

- Nathausius, V.: Chinas Drei-Schluchten-Staudamm. Hintergründe und Probleme, Facharbeit, 2004

- Osterhage, W.: Die Energiewende: Potenziale bei der Energiegewinnung, Wiesbaden: Springer Verlag 2015

- Trouw, J.: Chinas Drei-Schluchten-Staudamm und die Bauernumsiedelung, Norderstedt: BoD - Books on Demand 2014

- Yangtze Valley Water Resources Protection Bureau: Ecology and Environment of Three Gorges Project, Science Press 2000

2. Internetquellen:

- Bronowski, I.: Schiffshebewerk am Drei-Schluchten-Staudamm in China, Erscheinungsdatum unbekannt, aufgerufen am 29.8.2017, https://www.kuk.de/uploads/media/9-lf-de7.pdf

- Deutsches Presse Amt, veröffentlich auf Süddeutscher Zeitung: Millionen Menschen müssen umgesiedelt werden, erschienen am 17.5. 2010, aufgerufen am 28.8.2017   http://www.sueddeutsche.de/panorama/drei-schluchten-damm-millionen-menschen-muessen-umsiedeln-1.344584 (Aufgerufen am 28.8.2017)

- Lorenz, A.: Denkmal für die Genossen, erschienen am 2.6.2003, aufgerufen am 16.10.2017, http://www.spiegel.de/spiegel/print/d-27286899.html

- Ohne Autor: China Daily: World's largest shiplift completes China's Three Gorges project, erschienen am 19.9. 2016, aufgerufen am 29.8.2017, http://www.chinadaily.com.cn/china/2016-09/19/content_26825380.htm

- Ohne Autor: Müllmassen drohen Drei-Schluchten-Staudamm zu verstopfen, erschienen am 2.8.2010, aufgerufen am 30.8.2017, http://www.spiegel.de/wissenschaft/natur/china-muellmassen-drohen-drei-schluchten-staudamm-zu-verstopfen-a-709641.html

- Pauline-Martine, A.: Leifi Physik, aufgerufen am 11.9.2017, https://www.leifiphysik.de/uebergreifend/regenerative-energieversorgung/geschichte

- Schilling, T.: Erschienen Am 24.7.2017, Aufgerufen am 23.8.2017, http://www.bpb.de/nachschlagen/zahlen-und-fakten/europa/75143/energiemix

- Schoenebeck, G.: Weltgrößtes Schiffshebewerk geht am Jangtse in China in Betrieb, erschienen am 4.10.2016, aufgerufen am 29.8.2017, http://www.ingenieur.de/Branchen/Maschinen-Anlagenbau/Weltgroecotes-Schiffshebewerk-geht-am-Jangtse-in-China-in-Betrieb

- Strittmatter, K.: Wasser marsch!, erschienen am 11.5.2010, aufgerufen am 30.8.2017, http://www.sueddeutsche.de/politik/china-flutet-drei-schluchten-damm-wasser-marsch-1.744762

- Yamamoto, C.: Umwelt ist wichtiger als Wachstum, erschienen am 4.11.1999, aufgerufen am 29.8.2017 http://www.zeit.de/1999/45/Umwelt_ist_wichtiger_als_Wachstum/komplettansicht

- Zheng, M.: China verschärft Sicherheit am Drei-Schluchten-Staudamm, erschienen am 19.9.2013, Aufgerufen am 28.8.2017 http://www.epochtimes.de/china/china-politik/china-verschaerft-sicherheit-am-drei-schluchten-staudamm-a1093884.html

3. Weiterführende Quellen:

- Ming, S., Weidenbach, T.: Chinas Größenwahn am Yangtse, 10.02.2015

Abbildungsverzeichnis

- Abbildung 1: https://www.landeskraftwerke.de/images/technologie/turbinenarten/francis-turbine.png

- Abbildung 2: https://www.landeskraftwerke.de/images/technologie/turbinenarten/pelton-turbine.png

- Abbildung 3: China Digital Times, erschienen am 16.8.2010, http://chinadigitaltimes.net/wp-content/uploads/2010/08/42b39c5503fc6db8c2ec728ecd6a901b_640_480.jpg

- Abbildung 4: China Daily, erschienen am 19.9.2016, http://www.chinadaily.com.cn/china/images/attachement/jpg/site1/20160919/d8cb8a3c66c01949b73351.jpg

- Abbildung 5: China Daily, erschiene am 19.9.2016, http://www.chinadaily.com.cn/china/images/attachement/jpg/site1/20160919/d8cb8a3c66c01949b61a08.jpg

Glossar

Drei-Schluchten-Staudamm: Drei-Schluchten-Talsperre in der Provinz Hubei in China

Wasserkraftwerk: Kraftwerk, welches die kinetische Energie des Wassers (hier) in elektrische Energie umwandelt

Wasserturbine: Turbine, welche die Wasserkraft nutzbar macht

Wirkungsgrad: Anteil der zugeführten Energie welche in nutzbare Energie umgewandelt wird

Potentielle Energie: Energie die durch seine Lage im Kraftfeld bestimmt wird

Kinetische Energie: Energie die ein Körper aufgrund seiner Bewegung enthält

Energiegewinnung: (Hier) Umwandlung der Kinetischen Energie in elektrische Energie

Lastspitzen: Kurzfristige hohe Stromnachfrage

Zielkonflikte: Wenn ein Erreichen beider Ziele nicht miteinander vereinbar ist

Spitzenlastdeckung: Möglichkeit die Lastspitzen zu decken

Jangtse: Jangtsekiang, welcher im Tibet quellt und im Ostchinesischen Meer mündet

Leitrad: Lenkung des Wassers für optimales Auftreffen des Wassers auf den Schaufeln

Leitwerk: Synonym zu Leitwerk

Laufschaufeln: Beweglich, dienen zur Regelung der Wassermenge

Bruttoregistertonnen: Maßeinheit für Seeschiffe - ca. 2,83 Kubikmeter